Udayakumar Dasari
Sobharani Yerra

Estudo da relação comprimento-peso de U.vittatus

Udayakumar Dasari
Sobharani Yerra

Estudo da relação comprimento-peso de U.vittatus

ScienciaScripts

This book is a translation from the original published under ISBN 978-3-659-63934-0.

Publisher:
Sciencia Scripts
is a trademark of
Dodo Books Indian Ocean Ltd. and OmniScriptum S.R.L publishing group

120 High Road, East Finchley, London, N2 9ED, United Kingdom
Str. Armeneasca 28/1, office 1, Chisinau MD-2012, Republic of Moldova, Europe
Printed at: see last page
ISBN: 978-620-8-03611-9

Índice:

INTRODUÇÃO

O estudo da relação comprimento-peso é útil para muitos fins na investigação pesqueira. Basicamente, tem dois objectivos: primeiro, estabelecer a relação entre as duas variáveis, comprimento e peso e, segundo, medir as variações do peso esperado para o comprimento de um indivíduo ou de um grupo de peixes.

A relação comprimento-peso é muito útil para

a) permitir a conversão de equações de crescimento em comprimento em equações de crescimento em peso para utilização em modelos de avaliação das unidades populacionais;

b) permitem estimar a biomassa a partir de observações de comprimento;

c)) permitem uma estimativa do estado dos peixes; e

d)) útil para comparações entre regiões das histórias de vida de certas espécies

É um parâmetro importante nos estudos sobre a biologia dos peixes. O estudo é um dos métodos padrão para obter informações biológicas autênticas. A relação indica as diferenças taxonómicas e os eventos na história de vida, tais como a metamorfose e o início da maturidade. Também denota a gordura e o bem-estar geral de um peixe ou de um grupo de peixes. Le Cren (1951) salientou que a análise dos dados relativos ao comprimento-peso é geralmente direcionada, em primeiro lugar, para descrever a relação entre as duas variáveis, de modo a que uma possa ser convertida na outra e, em segundo lugar, para estudar a variação do peso de um indivíduo ou de um grupo de peixes de um determinado comprimento em relação ao peso esperado, a fim de determinar o seu estado.

A relação entre o comprimento e o peso é também necessária para estabelecer equações de rendimento (Beverton e Holt, 1957 e Ricker, 1958) e, por vezes, é útil como carácter de diferenciação de "pequenas unidades taxonómicas" (Le Cren, 1951)

A Baía de Bengala está repleta de diversidade biológica, divergindo entre recifes de coral, estuários, zonas de desova de peixes, zonas de viveiro e mangais. A pesca é de grande importância socioeconómica para todos os países ribeirinhos da Baía de Bengala, uma vez que a indústria proporciona emprego direto a mais de 2 milhões de pescadores. As principais espécies de peixes comerciais são o camarão, o atum, o albacora, o peixe-cabra, o olho grande e o gaiado, sendo o camarão o principal produto de exportação. Num ano, a captura média é de 2 milhões de toneladas de peixe só na Baía de Bengala. No entanto, há sinais de que os níveis de captura podem não ser sustentáveis, especialmente no que respeita à pesca do atum. A aquacultura opera intensivamente ao longo da costa, com mais de 200.000 piscicultores atualmente envolvidos, e espera-se que a indústria se expanda. A maioria dos países que circundam a Baía de Bengala não está a desenvolver políticas claras, estratégias adequadas e uma gestão sustentável dos recursos haliêuticos.

A família dos peixes-cabra (Mullidae) é um grupo de peixes demersais comercialmente importantes em toda a sua distribuição pelo mundo. Estes peixes estão maioritariamente associados aos recifes dos oceanos Atlântico, Índico e Pacífico. Dentro da família existem aproximadamente seis géneros e 55 espécies.

Os estudos da relação comprimento-peso incluem a estimativa do peso médio de peixes de comprimento específico, a determinação do fator de condição corporal que indica o bem-estar relativo de um peixe e a conversão de dados de crescimento do comprimento em modelos de crescimento do peso (Tyler e Gallucci 1980; Bolger e Connolly, 1989; Kulbick *et al.,* 1993 e King 1996)

Verificou-se que diferentes unidades populacionais de uma espécie, de ambos os sexos em cada unidade populacional, apresentavam diferenças na sua relação comprimento-peso. Uma única equação pode nem

sempre ser suficiente para descrever a relação comprimento-peso de certas

unidades populacionais na captura (David, 1968). A relação comprimento-

peso de um certo número de peixes indianos, de água doce e marinhos foi

estabelecida por vários trabalhadores.

O "coeficiente de condição de Fulton", simplesmente designado

por fator de condição ou índice Ponderal (Hile 1936 e Thompson 1943) ou

coeficiente nutricional, indica o bem-estar de um peixe e fornece

informações sobre a adequação de um ambiente para o peixe. Jayaprakash,

(2001) comentou que a densidade do peixe é mantida como a mesma do

meio circundante e que as mudanças de peso para comprimentos são devidas

a mudanças de forma ou volume e não à gravidade específica. Factores

como a idade, o sexo, a maturidade, as diferenças raciais, a alimentação, o

grau de parasitismo, o ambiente e a seleção na amostragem podem afetar K

indiretamente através dos valores do expoente.

Este fator é utilizado em três tipos de análises populacionais (Weatherley 1972).

1) Na comparação de duas ou mais populações não específicas que vivem

em condições aparentemente semelhantes ou diferentes de

clima, densidade, alimentação, *etc.*

2) Na determinação da duração e do momento da formação das gónadas

maturação numa população, e

3) Para acompanhar as alterações que ocorrem na atividade

alimentar de um peixe durante períodos prolongados ou para compreender

as alterações

populacionais

eventualmente resultantes de variações na oferta de alimentos (reflectidas

no balanço nutricional bruto de um peixe).

O Fator de Condição Relativo é também útil para compreender a influência das mudanças sazonais nos juvenis e nos adultos e para determinar a época de desova. Muitos autores discutiram o método de estimativa do fator de condição. São dignos de nota os trabalhos sobre o fator de condição de Hile (1936), Kesteven (1942), Le Cren (1951), Rounsfell e Everhaurt (1953), Nikolski (1963), Tesch (1971) e Weatherly (1972).

Estudos sobre a ocorrência e abundância do peixe-cabra em habitats naturais documentaram preferências gerais por fundos associados à areia após o assentamento pós-larval, o que acompanha o desenvolvimento dos barbilhões caraterísticos.

As espécies e as fases posteriores do ciclo de vida podem, contudo, diferir significativamente entre si na utilização do habitat. Algumas espécies estão mais limitadas a fundos duros, outras separam-se principalmente pela profundidade. Os peixes-cabra reagem a factores induzidos pelo homem, como a pesca e a modificação do habitat, o que se reflecte em alterações da abundância, do tamanho ou do peso, ou em alterações das suas áreas de distribuição.

Embora os estudos sobre a relação comprimento-peso e a condição relativa de vários peixes que ocorrem em diferentes biótopos aquáticos na Índia. A costa da Baía de Bengala, Andhra Pradesh, Índia, é um dos centros de desembarque mais importantes para peixes de importância comercial, incluindo espécies de peixes-cabra. Apesar do bom desembarque, não existe informação convincente sobre o desempenho do crescimento e outras informações relacionadas com estes peixes. No presente estudo, foi feita uma tentativa nesse sentido com *Upeneus vittatus*.

Capítulo 1

MATERIAL E MÉTODOS

As medições do comprimento e do peso dos peixes foram efectuadas imediatamente após a recolha dos espécimes no porto de pesca de Visakhapatnam e a sua transferência para o laboratório. Os peixes foram primeiro limpos com papel absorvente para remover o excesso de humidade. Em seguida, os comprimentos dos peixes foram medidos numa tábua de medição com uma graduação de 0,1 cm e pesados individualmente numa balança de sensibilidade de 0,5 gramas. Os dados mensais de comprimento e peso foram organizados em vários grupos com intervalos de classe de 1,0 cm. O número de peixes em cada grupo de tamanho foi expresso em termos de comprimento e de percentagem, separadamente. Os dados de comprimento e peso de 1441 espécimes, dos quais 760 fêmeas medindo 10,1 cm a 16 cm de comprimento e 681 machos medindo 10 cm a 16 cm de

comprimento, foram utilizados no presente estudo. Os dados relativos a cada

sexo foram anotados e analisados separadamente, segundo o método de

frequência de Petersons.

Durante o presente estudo, a relação comprimento-peso de ambos

os sexos do peixe *Upeneus vittatus* foi calculada separadamente, utilizando

a fórmula proposta por Tesch (1971), do seguinte modo

$$W = a\,L^b \qquad \text{ou } W = a\,L^n$$

Onde

W- peso do peixe

L - comprimento do peixe

a - constante e

b ou n-exponente

As expressões foram posteriormente transformadas em formas logarítmicas utilizando a expressão

Log W= log a +b log L

Onde, a-interceção da reta no eixo Y e b- declive da reta de regressão.

Posteriormente, a identidade das regressões entre os machos e as fêmeas foi determinada com base no teste "t" de Student. O coeficiente de correlação (r) entre as medidas de comprimento e de peso foi igualmente determinado. O coeficiente de regressão de cada grupo foi testado quanto à significância da diferença em relação à relação "Cube". (Le Cren, 1951 e Beverton e Holt, 1957) utilizando o teste "t" de Student.

$$t = \frac{B-b}{\text{Erro padrão de 'b'}}$$

Onde, valor do cubo B(3) e b- coeficiente de regressão

A seguinte equação foi adaptada para calcular o Fator de Condição

$$K_n = W / a L^n$$

Relativa (Kn).

Onde

        W -- peso do peixe

        L -- comprimento do peixe

        a -- constante e

        n --exponente

O programa informático SPSS versão 11.0, STATISTICA versão 5.0 foi

utilizado para todas as análises estatísticas e elaboração de gráficos.

Capítulo 2

RESULTADOS E DISCUSSÃO

Foram efectuadas investigações exaustivas sobre a relação comprimento-peso de muitas espécies comerciais e economicamente importantes das águas tropicais do mundo. No entanto, as informações disponíveis sobre a relação comprimento-peso dos peixes-cabra são muito limitadas (Thomas, 1969; Boraey & Soliman, 1984; Kubicki *et al.*, 1993). Nas águas da Índia, Thomas (1969) estudou em pormenor a relação comprimento-peso de *U.tragula* da Baía de Palk e do Golfo de Mannar. Ali e Gopalakrishnan (1998) descreveram a relação comprimento-peso na costa nordeste da Índia e Reuben *et al.* (1994) descreveram a relação comprimento-peso de ambos os sexos de *U.sulphureus* ao longo da costa de Andhra Orissa. Mohanraj (2008) descreveu a relação comprimento-peso de *U.sundaicus* e *U.tragula* da costa de Tuticorn do Golfo de Mannar da Índia, mas para estes relatórios praticamente não há informações disponíveis sobre o comprimento-peso do peixe-cabra na Índia.

FREQUÊNCIA DE COMPRIMENTO:

O comprimento dos espécimes amostrados de *U.vittatus* variou de 10 cm a 16 cm (Tabela 1- e 2). Enquanto um número mínimo de 2 (3,8%) peixes caiu na classe de maior comprimento de 15 cm a 16 cm, seguido por 19 (1,1%) peixes no grupo de tamanho de 10,1 cm a 11 cm, um número máximo de 330 (27,9%) seguido por 315 (21,7%) entrou nos intervalos de comprimento de 13,1 a 14 cm e 12,1 a 13 cm, respetivamente. Os peixes de comprimento inferior a 10,1 cm e superior a 15,1 cm foram bastante escassos, constituindo apenas 15,9% do total de peixes examinados. Grupos de tamanho inferior a 10,1-11 cm foram encontrados apenas durante quatro meses, em novembro, dezembro, janeiro e julho.

Os peixes de tamanho superior a 10 a 11 cm estiveram ausentes nas recolhas efectuadas em abril e agosto. Os peixes com a percentagem máxima de ocorrência também pertenciam principalmente aos

grupos de tamanho 13,1 a 14 cm e 12,1 a 13 cm. Cerca de (98,7%) dos

peixes estavam representados por 5 das seis classes que se situavam entre

11,1 cm e 16 cm. Novamente, destas cinco classes, as duas entre 11,1 cm e

14 cm representaram 65,95%.

Relação comprimento-peso

Diagramas de dispersão traçados separadamente para o

comprimento e

peso dos machos e fêmeas de *U.vittatus*, sugeriu uma relação curvilínea

entre as duas variáveis (Gráficos 1 e 3) as equações parabólicas derivadas

para machos e fêmeas foram

$$\text{Homem } W = 0.293\ L^{3.2508}$$

$$\text{Feminino } W = 0.294\ L^{3.2298}$$

As linhas de regressão de relação linear obtidas através do método dos mínimos quadrados para as duas categorias são as seguintes

MaleLog   W= 3,2508 log L - 2,197 (Gráfico -2)

Feminino Log W= 3,2298 log L - 2,172 (Gráfico - 4)

O teste de significância revelou que os coeficientes de regressão de ambos os sexos têm significância ao nível de 5% ('t'= 1,96).

Na equação, W= a Lb para a relação comprimento-peso, 'b'deve ser 3 para um peixe ideal que mantém a forma do corpo constante (Roundsfell e Everhaurt, 1953 e Brown, 1957).

Assim, a significância do valor esperado de 3 para um peixe ideal foi testada para ambos os sexos pelo teste 't', que mostrou que os valores eram

t = 1,9139 para os homens e

t= 1,95151 para as mulheres

Fator de condição relativo "k_n'

Em média, os homens apresentaram quase a mesma condição

O Fator de Condição foi menor, 0,6916 para os homens e 0,6655 para as

mulheres durante abril e maior, 0,7105 para os homens e 0,7122 para as

mulheres durante julho e março. O pico do fator de 0,7105 para os homens

quase coincide com o pico mais elevado de 0,7122 para as mulheres em

março, enquanto o segundo pico mais elevado do fator de 0,7048 para os

homens ocorreu em março, coincidindo com o segundo pico do fator de

0,7068 para as mulheres (gráfico 5)

Normalmente, os machos e as fêmeas possuíam quase o melhor fator

de condição em todas as classes de comprimento estudadas (Quadro 4). No

caso das fêmeas, o fator foi menor (0,8192) na classe de comprimento de

12,1-13 cm e maior (0,9384) no intervalo de tamanho de 14,1-15cm. No que

diz respeito aos machos, o fator foi o menor (0,8301) na classe de

comprimento 12,1-13 cm e o maior (0,9158) no intervalo de comprimento

14,1-15 cm.

O fator de condição apresentou, em geral, uma tendência decrescente do grupo de comprimento mais baixo (11,1-12) para o grupo de comprimento (12,1-13) (gráfico 6). O fator de condição foi mais ou menos constante, numa primeira fase, de abril a maio e, numa segunda fase, de junho a setembro.

A representação gráfica dos dados relativos ao comprimento-peso de *Upeneus vittatus* indica uma relação linear curva no caso dos valores observados e uma relação linear no caso da transformação logarítmica. Segundo Hile (1936) e Martin (1949), o valor do expoente **n** ou **b** na equação parabólica situa-se geralmente entre 2,5 e 4,0 ou, por outras palavras, os padrões de crescimento dos peixes seguem geralmente a lei do cubo, que diz que o peso do peixe varia em função do cubo do seu comprimento (Le Cren, 1951:Lagler, 1952). Beverton e Holt (1957) observaram que são raros os casos de desvios do crescimento isométrico em peixes adultos.

Existem muitos exemplos de peixes que seguem a lei do cubo. Alguns desses registos são os de Seshappa e Chakrapani,(1981) em *Cynoglossus lida* , Das e Mishra (1989) em peixes de superfície plana, Kasim *et al.,*(1996) em *crocodilos Tylosurus crocodilus, Strongylura leiura , Ablennes hians e Hemiramphus marginatus* do Golfo de Mannar e Jayaprakash (2001)em *C. macrostomatus* das águas da costa de Travancore.

Uma alteração do valor do expoente deve-se a uma alteração da gravidade específica ou da forma e do contorno do corpo ou do estado do peixe ou das condições ambientais ou a uma combinação de alguns ou de todos estes factores. As alterações morfológicas devidas à idade podem também causar alterações substanciais no expoente do comprimento em relação ao peso (Le cren .1951). Nestes casos, a lei do cubo não é necessariamente válida, como o indicam Rounsfell e Everhaurt (1953)

A análise dos dados relativos ao comprimento-peso revelou que os valores **de "b"** eram 3,2508 e 3,2298 para machos e fêmeas, respetivamente. Por conseguinte, o teste de significância **(t)** foi efectuado com base nos valores **"b"**, tendo como referência o valor isométrico de 3. O resultado indica que ambos os sexos dos peixes se enquadram na lei do cubo, mas apresentam um crescimento alométrico positivo. Isto significa que o aumento do peso em ambos os sexos de *U.vittatus* está correlacionado com o aumento do comprimento.

Desvios da relação cúbica foram registados por Le Cren (1951) em Perches, Sekharan (1968) em algumas espécies de sadinos, Dan e Majumdar (1979) em peixes-gato, Torres (1991) em certos peixes marinhos da África do Sul e King (1996) em vários peixes de águas costeiras da Nigéria. Garcia *et al.,* (1998) assinalaram que "a interpretação biológica dos valores numéricos dos parâmetros **"a'** e **"b'**. nem sempre é direta, exceto quando o crescimento é isométrico, **"a'** pode ser interpretado como Fator de Condição.

Além disso, os valores **"b"** dos machos e das fêmeas indicam que as suas taxas de crescimento são diferentes umas das outras, apresentando os machos um crescimento relativamente melhor do que as fêmeas. Contudo, em ambos os casos, a associação entre o comprimento e o peso parece ser mais ou menos igual.

Os dados relativos ao fator de condição relativo permitem inferir que os machos destas espécies são mais robustos do que as fêmeas. Isto pode dever-se ao facto de as fêmeas terem de desviar uma parte considerável da sua energia para a produção de génese. As fêmeas gastam mais energia do que os machos durante a reprodução, que ocorre duas vezes numa estação. Os valores de kn inferiores a 1,0 obtidos em certos meses entre machos e fêmeas podem dever-se a uma alimentação deficiente, à reprodução ou à indisponibilidade de alimentos adequados no meio ambiente.

Thomas (1969) referiu que, embora o estado dos imaturos e dos adultos de *U. tragula* fosse sempre diferente um do outro, os valores de *kn* apresentavam quase o mesmo padrão de subida e descida, mesmo durante a

época de desova. Além disso, não conseguiu explicar estas alterações devido

a variações na intensidade da alimentação, uma vez que os valores foram

mais elevados em alguns meses. Quando se observou que a intensidade da

alimentação era baixa e em certos outros meses, os valores de kn eram mais

baixos, mesmo quando a alimentação era intensa. Assim, concluiu que, no

caso de *U. tragula*, as alterações do estado não parecem, pelo menos, estar

relacionadas com o ciclo sexual ou a intensidade da alimentação, mas

podem dever-se a outros factores.

Fawzy e Soliman (1984) propuseram a relação comprimento-peso

para *U. sulphureus* na Baía de Safaga, no Mar Vermelho, e o fator de

condição relativa varia entre 0,7 e 1,79, com um valor médio de 1,03, o que

indica a natureza saudável do peixe. Os valores mais elevados **de kn** foram

obtidos em grupos de tamanho inferior a 70 mm, como no estudo.

Al-Absy (1987), ao relatar a relação comprimento-peso de

Mulloides flavolineatus do Golfo de Aqaba, Mar Vermelho, afirma que o coeficiente de condição (Q) variou entre 0,901 no peixe mais pequeno e 1,070 no peixe de 25,2 cm, com uma média geral de 0,975 e atribuiu a variação no **Q** à variação correspondente na disponibilidade de alimentos e hábitos alimentares dos peixes.

Al-Absy e Adnan Ajiad (1988) também obtiveram um expoente 'n' superior a 3 (3,1748) ao estudar a relação comprimento/peso de *Parupeneus cinnabarinus* e o fator de condição desta espécie variou entre 1,11 e 1,40 com uma média de 1,23 e aumentou com o aumento do comprimento até 33 cm, tendo depois diminuído.

O valor de **kn** em *U. sulphureus* foi observado por Reuben *et al.* (1994) como sendo inferior a 1 durante janeiro-agosto com os valores mais baixos durante junho, indicando um período prolongado de desova e foi um máximo local de 1 em cerca de 122,5 mm de comprimento do corpo seguido de uma inflexão. Concluem ainda que se a inflexão depois de 122,5 mm é indicativa do início da maturidade sexual (Hart, 1946), apoia a conclusão de que o peixe atinge a primeira maturidade aos 131 mm.

Mohanraj *et al.* (2008) observaram que a queda repentina do valor de ***kn*** de 1,08 na faixa de tamanho 95-99mm para abaixo de 1,0 com flutuação em torno de 1,0 . O facto de o peixe atingir a maturidade aos 100 mm de comprimento e se tornar um potencial reprodutor mais tarde pode ser indicativo de que o peixe está a atingir a maturidade. Da mesma forma, nas fêmeas, o valor de kn diminui abruptamente de 1,55 aos 100-104 mm de comprimento para menos de 1,0, com uma ligeira variação em torno de 1,0, o que indica que as fêmeas atingem a maturidade por volta dos 106-109 mm de comprimento. Esta inflexão nos valores de **kn** foi obtida a 110-114 mm de comprimento para os machos de *U. tragula* e a 120-124 mm de comprimento para as fêmeas e estes pontos de inflexão podem ser considerados como indicando o tamanho na primeira maturidade e isto está em conformidade com as observações feitas por Reuben *et al.* (1994) em *U. sulphureus* ao longo da costa de Andhra-Orissa.

Conclui-se que são propostas equações separadas para os machos e as fêmeas de *U. vittatus* para descrever a sua relação comprimento-peso. A estimativa dos valores de **Kn** indica o tamanho na maturidade dos peixes destas espécies e a variação do valor de **Kn** em relação ao tamanho é atribuída à desova e às variações na alimentação devido à disponibilidade ou ausência de alimento.

Tabela - 1: Distribuição numérica comprimento-frequência de machos e fêmeas de *U.vittatus*

Tamanho intervalos	Mar		abril		maio		junho		Jul		agosto		setembro		outubro		Nov		Dez		Jan		Fev		Total	
	M	F	M	F	M	F	M	F	M	F	M	F	M	F	M	F	M	F	M	F	M	F	M	F	M	F
10.1-11	2				1		1	1	1		1				1	1	1		1	3	2		1	3	9	10
11.1-12	15	12	15	15	9	9	7	16	8	14	11	16	8	22	10	14	12	9	16	19	12	14	11	13	134	173
12.1-13	7	18	15	21	8	8	9	8	11	15	13	17	9	18	15	22	13	11	16	14	7	12	11	17	134	181
13.1-14	15	18	11	16	6	12	12	15	12	6	24	16	12	16	12	14	12	12	19	14	12	16	13	15	160	170
14.1-15	11	4	11	15	8	6	9	12	4	9	13	15	12	12	11	12	9	9	23	8	12	12	8	16	131	130
15.1-16	2	6	10	11	7	7	13	7	6	8	9	11	14	6	7	9	15	7	15	12	6	5	9	7	113	96
total	52	58	62	78	38	43	50	59	42	53	70	75	56	74	55	72	62	48	90	70	51	59	53	71	681	760

Tabela 2: Distribuição percentual da frequência de comprimento de machos e fêmeas de *U.vittatus*

intervenções	Mar	abril	maio	junho	Jul	agosto	setembro	outubro	Nov	Dez	Jan	Fev	Total

	M	F	M	F	M	F	M	F	M	F	M	F	M	F	M	F	M	F	M	F	M	F	M	F	M	F
10.1 11	3.8				2.3		1.7	2.4	1.9				1.8			1.4	1.6	1.6	1.1	4.3	3.9		1.9	4.2	1.3	1.3
11.1 12	28.8	20.7	24.2	19.2	23.7	20.9	14.0	27.1	19.0	26.4	15.7	21.3	14.3	29.7	18.2	19.4	19.4	19.4	17.8	27.1	23.5	23.7	20.8	18.3	19.7	22.8
12.1 13	13.5	31.0	24.2	26.9	21.1	18.6	18.0	13.6	26.2	28.3	18.6	22.7	16.1	24.3	27.3	30.6	21.0	21.0	17.8	20.0	13.7	20.3	20.8	23.9	19.7	23.8
13.1 14	28.8	31.0	17.7	20.5	15.8	27.9	24.0	25.4	28.6	11.3	34.3	21.3	21.4	21.6	21.8	19.4	19.4	19.4	21.1	20.0	23.5	27.1	24.5	21.1	23.5	22.4
14.1 15	21.2	6.9	17.7	19.2	21.1	14.0	18.0	20.3	9.5	17.0	18.6	20.0	21.4	16.2	20.0	16.7	14.5	14.5	25.6	11.4	23.5	20.3	15.1	22.5	19.2	17.1
15.1 16	3.8	10.3	16.1	14.1	18.4	16.3	26.0	11.9	14.3	15.1	12.9	14.7	25.0	8.1	12.7	12.5	24.2	14.6	16.7	17.1	11.8	8.5	17.0	9.9	16.6	12.6

Quadro 3: Fator de condição dos dois sexos de *U.vittatus*

Mês	Masculino			Feminino		
	Interceção	b	t	Interceção	b	t

março	0.7048	0.2888	30.96	0.7122	0.2829	32.76
abril	0.6630	0.3141	33.15	0.6655	0.3123	35.62
maio	0.6916	0.2922	36.13	0.7068	0.2870	31.49
junho	0.7088	0.2847	34.71	0.6946	0.2953	37.09
julho	0.7105	0.2835	30.09	0.6980	0.2915	30.52
agosto	0.6979	0.2931	34.72	0.6994	0.2926	43.12
setembro	0.7016	0.2905	3.52	0.6971	0.2921	34.16
outubro	0.6945	0.2956	30.88	0.6931	0.2949	33.97

novembro	0.7022	0.2894	35.69	0.6927	0.2951	29.72
dezembro	0.6977	0.2929	41.38	0.6983	0.2917	40.38
janeiro	0.6970	0.2935	34.06	0.6852	0.3012	31.49
fevereiro	0.6752	0.3073	33.70	0.7016	0.2893	34.44
Média	0.6954	0.2938	31.5825	0.695375	0.293825	34.56333

Quadro 4: Fator de condição dos dois sexos do *U.vittatus* em relação

ao comprimento

Tamanho	Masculino			Feminino		
Classe	Interceção	b	t	Interceção	b	t
10.1-11	-	-	-	-	-	-
11.1-12	0.8653	0.1581	13.19	0.8692	0.1543	16.90
12.1-13	0.8301	0.1930	9.98	0.8192	0.1999	11.98
13.1-14	0.8981	0.1584	6.86	0.8460	0.1934	9.07

| 14.1-15 | 0.9158 | 0.1573 | 23.54 | 0.9384 | 0.1427 | 18.86 |
| 15.1-16 | 0.9154 | 0.1632 | 18.94 | 0.9105 | 0.1661 | 20.26 |

Gráfico 1: Relação entre o comprimento e o peso dos valores observados nos machos de *U.vittatus*

COMPRIMENTO vs. PESO (PESO = -64,03 + 7,0434 * COMPRIMENTO)

Correlação: r =.93766

Regressão 95% de confiança.

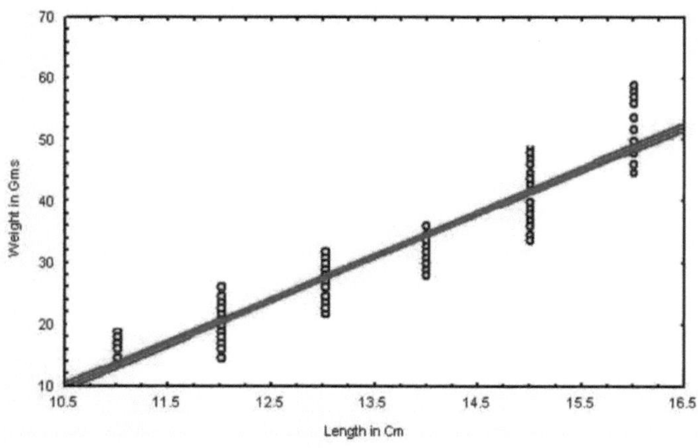

Gráfico 2. Relação entre Log Comprimento e Log Peso em machos de *U.vittatus*

Comprimento LOG vs. Peso

Peso do toro = -2,197 + 3,2508 * Comprimento do toro

Correlação: r= .97677

Regressão 95% de confiança.

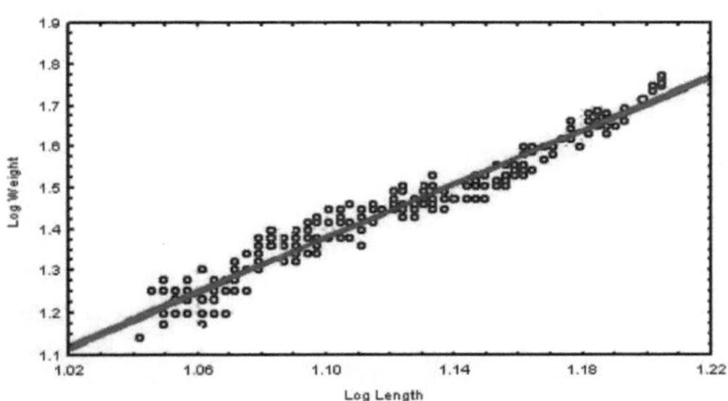

Gráfico 3: Relação dos valores observados de comprimento e peso em

fêmeas de *U.vittatus*

COMPRIMENTO vs. PESO

PESO = -60,20 + 6,7646 * COMPRIMENTO

Correlação: r =. 93731

Regressão 95% de confiança.

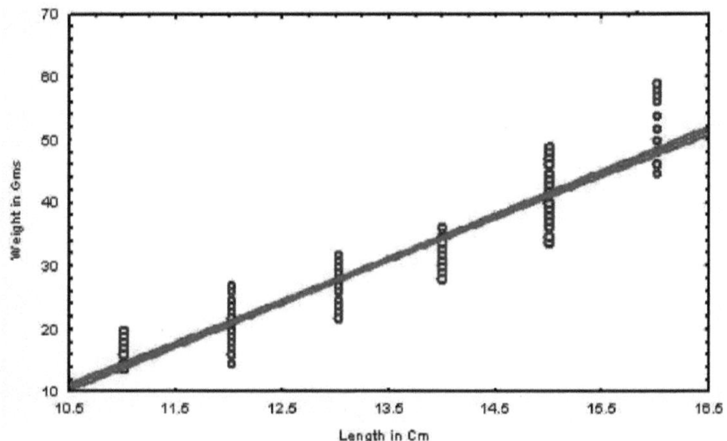

Gráfico 4: Relação entre o comprimento e o peso das fêmeas de

U.vittatus

Comprimento do toro vs. Peso do toro

Peso do toro = -2,172 + 3,2298 * Comprimento do toro

Correlação: r= .97

Regressão 95% de confiança.

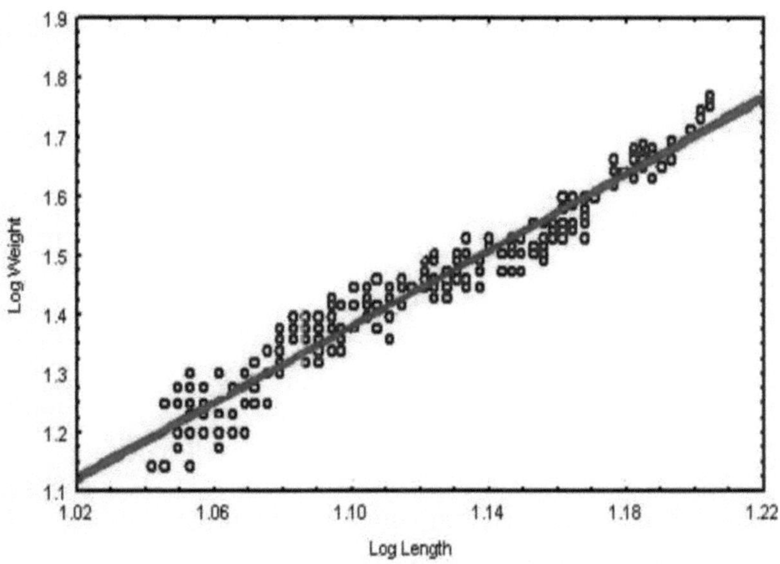

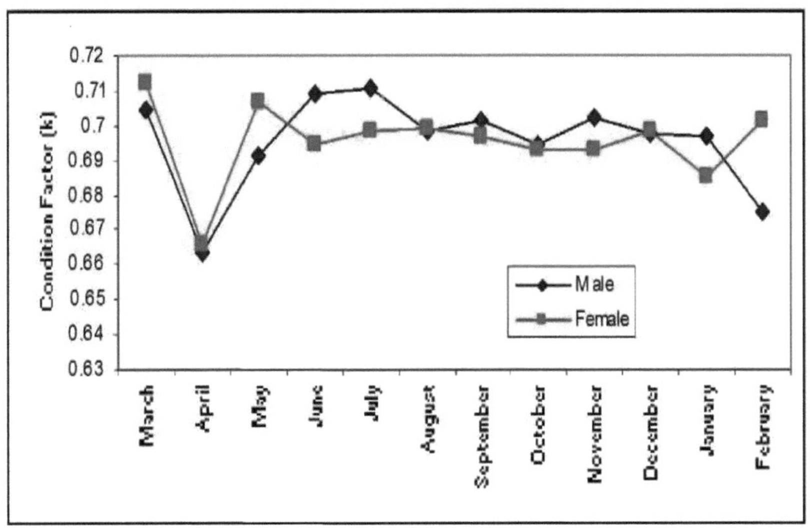

Gráfico 5: Fator de condição de ambos os sexos de *U.vittatus*

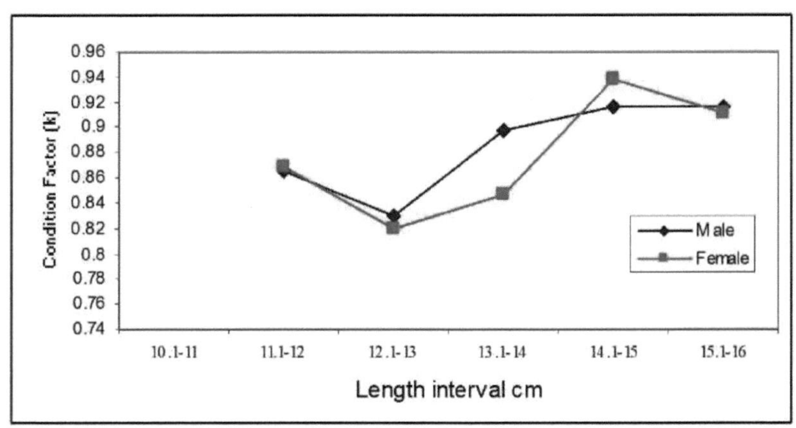

Gráfico .6: Relação entre o comprimento e o fator de condição de ambos os sexos de *U.vittatus*

Conclusão :

A análise dos dados relativos ao comprimento-peso revelou que os valores de "b" eram 3,2508 e 3,2298 para machos e fêmeas, respetivamente. O resultado indica que ambos os sexos do peixe estão de acordo com a lei do cubo, mas apresentam um crescimento alométrico positivo. Isto significa que o aumento do peso em ambos os sexos de *U.vittatus* está correlacionado com o aumento do comprimento. A estimativa dos valores **Kn** indica o tamanho na maturidade dos peixes destas espécies e a variação do valor **Kn** em relação ao tamanho é atribuída à desova e às variações na alimentação devido à disponibilidade ou ausência de alimento.

REFERÊNCIAS

Al-Absy, A. (1977) Taxonomia, biometria, relação comprimento-peso e estudos de crescimento de Mullidae (Pisces, Perciformes) da Jordânia, Golfo de Aqaba. Tese de Mestrado, Universidade da Jordânia, Amã. 151pp.

Al-Absy AH e Ajiad A (1988). A morfologia, biometria, relação peso-comprimento e crescimento do peixe-cabra, *Parupeneus scinnabarinus* (Cuvier & Valênciennes) no Golfo de Aqaba, Mar Vermelho.

Beverton, RJ.H e Holt, SJ. (1957) On the dynamics of exploited fish Populações. *Peixes. Invest. Minist. Agric. Peixes. Food (G.B) seII.19, 533p.*

Boraey, F.A. e F.M. Soliman, (1984). Relação comprimento-peso, condição relativa e hábitos alimentares do peixe-cabra *upeneus sulphureus* na Baía de Safaga do Mar Vermelho. *J. Mar. Biol.Assoc, India, 26: 83-88.*

Boraey, F.A. e F.M. Soliman, (1987). Relação comprimento-peso, condição relativa e hábitos alimentares do peixe-cabra *Upeneus sulphureus* Cuv. Val. na Baía de Safaga no Mar Vermelho.*J. Inland Fish. Soc, India, 19: 47-52.*

Boraey, F.A. and Soliman, F.M. (1984) Length weight relationship, relative condition, and food and feeding habits of the goatfish *Upeneus sulphureus,* in Safaga Bay of the Red Sea. *J.Mar. Biol. Ass.India. 26 (1-2), 83-88.*

Bolger, T., e P.L Connolly. (1989). A seleção de índices adequados para a medição e análise do estado dos peixes. *J.Fish.Biol, 34; 171-182.*

Dan.S,S., and P.Mojumdar (1979).Estudos sobre a alimentação e hábitos alimentares do peixe gato ,*Tachysurus tenuispinis*(day).*Indian .J.Fish .26;115-124.*

Das, .M e B.Mishra (1989). Length weight relationship of certain fishes, *Mahasagar, 22(3); 139-141.*

David, A. (1968). Biologia pesqueira do peixe-gato schilbeid, *Pangassius pangassius* (Hamilton) e sua utilidade e propagação em campos de cultura, lago. Indian *J.Ffish.10 (2); 521-600.*

Fawzy, A. Boraey and Soliman, F.M.(1984) Length-weight relationship, relative condition and food and feeding habits of the goatfish *Upeneus sulphureus* in Safaga Bay of the Red. Mar Vermelho. *J.Mar. Biol Ass. India, 26(1 &2), 83-88.*

Garcia, C.B.J.O.Durate, N. Sandoval, D. Von Schiller, G. Mello e

P.Navajas(1998).Relação comprimento-peso de peixes demersais do

Golfo de Salamanca, Colômbia.Naga ,*ICLRM.Q 21(3);30-32.*

Hart, T.J. (1946) Report on the trawling surveys on the Patagonian

continental shelf. *Discovery Report. 23, 223-408.*

Hile, R. (1936) Age and growth of the Cisco, Leucichthys artedi (Lesueur)

in the lakes of north-western high lands, Wisconsin. *Bull. U.S.Bur.*

Fish. 48, 211-317.

Jayaprakash, A.A (2001). Relação comprimento-peso e condição relativa

em *Cynoglossus macrostomus.* Norman e C.arel (schneider).

J.Mar.Biol.Ass.India 43(1 e 2); 148-154.

Kesteven, G.L.(1942) Studies on the biology of Australian mullet. Conselho de Investigação Científica e Industrial. *Australian Bulletin,157:1-147.*

Kesteven. G.L (1942), Studies on the biology of Australian Mullet. Conselho de Investigação Científica e Industrial. *Boletim australiano 157; 1-147.*

Kesteven, .G.L (1947). On the Ponderal Index, or Condition Fator, as employed in fisheries biology. *Ecology 28, 78-80.*

King, R.P (1996). Relações comprimento-peso dos peixes de água costeira da Nigéria Naga, *ICLARM Q.19 (3); 49-52*

Kulbicki M.,G. Moutham ,P.Thollot e L. Wantiez (1993). Relações entre o comprimento e o peso dos peixes da lagoa da Nova Caledónia, Naga, *ICLARM Q.16(2-3); 26-30.*

Lagler K.F. (1952), biologâia da pesca em águas doces, W..C. Brown Co, Editora, (Dubyque) Iowa.

Le Cren, E.D (1951) The length-weight relationship and seasonal cycle in gonad weight and condition in the perch (*Perca fluvialitis*). J.Anim.Ecol., 20(1); 201-209.

Love, R.M. (1957), The biochemical composition of fish "in the physiology of fish" *(Ed Brown ,M.E.) Academic Press. London and N.Y.I;401-418.*

Martin, W.R. (1949). A mecânica do controlo ambiental da forma do corpo em peixes.Univ., Toronto Stud. *Biol., 58, Publ. Ont. Fish.Res. Lab. 70 1-91.*

Mohnara J (2008). Relação comprimento-peso de *Upeneus sundaicus* e

Upeneus tragula do Golfo de Mannar. www.indjst.org Vol.1 No 4

Mohanraj, J. (1999) Fishery, biology, exploitation and population dynamics of Commercially important goatfishes in Tuticorin coast, Gulf of Mannar. Tese de doutoramento, Universidade de Madurai Kamaraj, Tamil Nadu, Índia. Pp.308.

Nikolsi,G.v (1963) The ecology of fishes. Academic press ,London,1 -352.

Reuben, S. Vijayakumaran, K. e Chittibabu K (1994) Crescimento, maturidade e mortalidade de Upeneus sulphureus da costa de Andhra-Orissa. *41 (2), 87-91.*

Ricker W.E (1958). Manual de cálculos para estatísticas biológicas de populações de peixes.*Bull.Fish. Res. Biol.Canada.,119:1-300.*

Rounsfell G.A e W.H Everhaurt (1953) Fishery science: Its methods and

applications.

John Wiley and Sons Inc., Nova Iorque,1-444.

Seshappa ,G.e B.K,Chakrapani (1981).relação comprimento-peso

de Cynoglossus lida (Bleeeker).Indian J.fish.,28(1&2);249-

253.

Sekharan ,K. V.(1968).Relação comprimento-peso em Sardinella albella

(Val.) e S.

Indian J. fish .,15:166-174.

Tesch,F.W. (1971). Idade e crescimento: W.E.Ricker (ed.) Methods

for assessment of fish production in fresh waters. IBP handbook No.3,

Blackwell, Londres, 93-123.

Thomas, P.A .(1969) Os peixes-cabra (Família Mullidae) da Índia

Mares. Marine Biological Association of India, Memoir III, 174p.

Thompson, D.A.W. (1943*). Sobre o crescimento e a forma. 2ª Ed.*

University Press. Cambridge.

Torres,F.J.R. (1991). Dados tabulares sobre peixes marinhos da África

do Sul,

Part1.Length- weight relationship, Fish Byte 9(1); 50-53.

Tyler, A.V e V.F. Gallucci, (1980). Dynamics of fished stocks, In: R.Lackey

e L.A.Neilson (eds.) Fisheries management. Blackwell Scientific

Publications, Oxford, 111-147.

Printed by Books on Demand GmbH, Norderstedt / Germany